Anna Hoffmann

Lösungsstrategien für kreative Denkfallen

Sciurus-Verlag

Bibliografische Information der Deutschen Bibliothek
Die Deutsche Bibliothek verzeichnet diese Publikation in der Deutschen Nationalbibliografie; detaillierte bibliografische Daten sind im Internet über http://dnb.ddb.de abrufbar

1. Auflage

www.sciurus-verlag.de
Kontakt unter info@sciurus-verlag.de

weitere Fotos unter: www.digitalarts-online.de

Herstellung: BoD – Books on Demand, Norderstedt

ISBN 978-3-981-4704-8-2

Dieses Buch ist auch als eBook erhältlich

In diesem Text wird der besseren Lesbarkeit halber oft nur die männliche Form verwendet. Die weibliche Form ist selbstverständlich und ausdrücklich immer mit eingeschlossen.

Inhalt

Vorwort	5
Einleitung	6
Sicherheitsdenken	10
Konkurrenzdenken	15
Gute Ideen nicht erkennen und würdigen können	19
Nachahmen	24
Erwartungsdenken	28
Das richtige Selbstbewusstsein	31
Falsche Prioritäten	34
Mangelnde Ausdauer	39
Fehlender Realitätssinn	42
Mangelndes Controlling	46
Zu viel Zeit	50
Negativer Stress	54
Aufgestaute negative Emotionen	56
Falsches Umfeld	58
Über die Autorin	62

Vorwort

Anna Hoffmann greift in ihrem Buch über kreative Denkfallen ein wichtiges Thema auf, denn Kreativität und kreatives Denken tragen dazu bei, den kulturellen Reichtum in Deutschland zu fördern. Und nicht nur das: Kreativität und kreatives Denken spielen für die Gestaltung der Zukunft eine zunehmende Rolle, sowohl in der Wirtschaft als auch in gesellschaftspolitischen Zusammenhängen. Kreativität und die sich daraus entwickelnde kulturelle Vielfalt kann sowohl die Persönlichkeit des Einzelnen stärken, als auch zur Stabilität und Lebendigkeit einer gelebten Demokratie beitragen.

Während meiner 26-jährigen Zeit als Abgeordneter im Deutschen Bundestag, zuletzt als kultur- und medienpolitischer Sprecher der CDU/CSU-Bundestagsfraktion sowie als Mitglied des Kulturausschusses des Deutschen Bundestages, habe ich mich engagiert für die Belange der Kultur, der politischen Bildung und dem nachhaltigen Wohlergehen der Bürger und Bürgerinnen unseres Landes eingesetzt. Die Förderung und Stärkung von kultureller Lebendigkeit sowie die Orientierung an grundlegenden kulturell-pädagogischen Werten haben stets einen wichtigen Stellenwert in meinem politischen Wirken eingenommen.

Fallstricke für kreatives Denken zu erkennen und sinnvoll dagegen vorzugehen, stellt eine grundlegende Fähigkeit dar, um sich dem problemlösenden und zukunftsorientierten Denken mit Erfolg zu widmen. Ich bin deshalb davon überzeugt, dass Sie als Leser von der Lektüre dieses Buches langfristig profitieren werden.

Wolfgang Börnsen (Bönstrup)
u.a. Autor von „Parlamentarismus im Dornröschenschlaf: Denkanstöße für die Demokratie 2.0 (Verlag der Nationen)“

Einleitung

Kreativität und Innovation sind wichtige Schlagwörter unserer Zeit. Alle wollen oder sollen kreativ sein. Innovationen gelten als der Garant für die Wettbewerbsfähigkeit und die Sicherung des Wohlstandes. Die EU hat mit „Horizon 2020“ ein milliardenschweres Programm für Forschung und Innovation aufgelegt. Deutschland, das Land der Dichter und Denker, fordert zu neuen Idee auf: „Deutschland - Land der Ideen“ ist ein bundesweiter Wettbewerb für innovative Ideen und Projekte. **Neue Ideen, kreatives Denken und Innovationen sind zu einer nachgefragten Ressource geworden**. Warum?

Die Welt verändert ihr Gesicht. Wir sind im Zuge der Globalisierung und des Siegeszugs der IT bis ins Privatleben hinein mit vielen gewohnten Prozessen an einen Wendepunkt gekommen: „Business as usual“ funktioniert nicht mehr wirklich. Alte Leitbilder werden in Frage gestellt oder geraten angesichts der aktuellen Entwicklungen ins Wanken.

Wer neue Wege finden will, muss die bisherige Denkrichtung verlassen und sich auf neue Perspektiven einlassen. Die

„Grand Tour" der Bildung findet nicht mehr in Italien oder auf der Weltreise statt, sondern im Kopf. Das Internet und die Möglichkeiten der digitalen Datenübermittlung bieten einen reichen Pool an Wissen und Informationen: Fast alles, was früher Tage, Wochen oder Monate fleißige Recherche und aufwändige Informationsbeschaffung benötigte, steht oft schon in wenigen Minuten zur Verfügung. Das ist ein Segen.

Doch was fangen wir mit der Fülle der Möglichkeiten an? **Führen diese Mengen an Wissen und Daten automatisch zu neuen Ideen, zu besseren Lösungsstrategien, zu einer menschlicheren Gesellschaft?** Leider nein.

Wir leben in einer Informationsgesellschaft, in der Wissen in vielfältiger Form zur Verfügung gestellt wird. Was ist heute schon noch wirklich geheim? Früher bedeutete Wissen Macht, weil Wissen nur Auserwählten zur Verfügung stand. Allein der Erwerb der Fähigkeiten zum Lesen und Schreiben war nur wenigen zugänglich und stellte ein Privileg dar. Das ist in der Zivilisationsgeschichte noch gar nicht so lange her, doch heute für uns schon kaum mehr vorstellbar.

Heute liegt die Zauberformel für kluge Entscheidungen, nachhaltige Strategien und weitsichtiges Handeln nicht mehr in der Beschaffung von Informationen, sondern in der intelligenten Auswertung von Informationen und darauf aufbauendem kreativen Denken. Informationsfülle allein ist keine Garantie für die richtigen Erkenntnis.

„Wissen = Macht": das trifft heute auf die meisten so nicht mehr zu. (Eine Ausnahme davon stellen die Besitzer der von Jaron Lanier treffend als „Sirenenserver" bezeichneten Mega-Rechenzentren dar. Hier bündelt sich auf erschreckende Weise Macht in einer bis dato unbekannten Größenordnung. Die Lektüre seines Buchs „Wem gehört die Zukunft?" ist unbedingt zu empfehlen.)

Für uns Normalsterbliche gilt: Wer täglich mit Wissen und Informationen überschüttet wird, erlebt dadurch nur bedingt einen Zuwachs an Macht, Wohlstand oder gar Glück. Im Gegenteil, manch einer sehnt sich nach der Zeit zurück, in der weniger Informationen und weniger permanente Verfügbarkeit ein Mehr an Lebensqualität bedeutet hat.

Entscheidend ist heute nicht mehr der Zugang zu Wissen, sondern der Umgang mit Wissen. Und da kommt die Kreativität ins Spiel. Zukunft hat, wer die Fülle des Wissens verarbeiten, sortieren und zukunftsweisend arrangieren kann. **Die Informationsflut stellt nur den Nährboden dar, auf der ein aktiver, kreativer Geist Lösungen für aktuelle Fragen und Richtungsweiser für die Zukunft entwickeln kann.**

Gute Ideen kommen nicht aus dem NICHTS. Der berühmte Kuss der Muse trifft nur auf einen vorbereiteten Geist. Algorithmen allein und der Zuwachs an technischen Möglichkeiten werden uns keine lebenswerte Zukunft bescheren. **Der kreative Geist des Menschen macht einen Unterschied und kann durch keine Maschine ersetzt werden, denn künstliche Intelligenz ist nicht vergleichbar mit menschlicher Intelligenz.**

Kreativität und kreatives Denken sind die Schlüssel, um aus der Vielzahl an Informationen Erkenntnisse zu gewinnen, Ideen zu generieren oder eine Auswahl von konkreten Möglichkeiten zu sondieren. Die Definition von konkreten Handlungsmöglichkeiten wiederum kann dazu genutzt werden, um zu einer weisen und für die Allgemeinheit nachhaltig segensreichen Entscheidungsfindung zu gelangen.

Kreativität soll also dabei helfen, realistische Handlungsoptionen für die Zukunft zu entwerfen, weitsichtige Entscheidungen zu ermöglichen und gesellschaftliche Prozesse aktiv zu gestalten.

Dabei kann kreatives Denken auch maßgeblich dazu beitragen, in scheinbar ausweglosen Situationen Alternativen zu finden. Das Zitieren von TINA („There is no alternative“) ist eigentlich nur der Ausdruck eines unkreativen Geistes.

In der heutigen Zeit hat der die Nase vorn, der die Fülle an Informationen und Daten richtig zu nutzen weiß, und der daraus etwas Neues schaffen kann. **Kreatives, lösungsorientiertes Denken ist die Metaaufgabe der Zukunft, wenn wir nicht in einem Meer aus Daten, Inputs und Wissensschnipseln versinken wollen.**

Aber was sind kreative Denkfallen? Und warum braucht man dafür Lösungsstrategien?

Als kreative Denkfallen werden Denk- oder Verhaltensmuster bezeichnet, die Kreativität behindern, stören oder unmöglich machen. Um Kreativität und innovatives Denken nachhaltig zu fördern und anzuregen ist es wichtig, sich dieser Denkfallen bewusst zu sein. Doch das kann nur der erste Schritt sein.

Noch wichtiger ist es, kreative Denkfallen aktiv anzugehen und **mit gezielten Strategien Kreativität verhindernde Verhaltensweisen zu umschiffen oder abzubauen**. Dafür werden in diesem Buch für jede Denkfalle ein Bündel von Lösungsstrategien vorgestellt.

Ich habe dieses Buch in der Absicht geschrieben, Türen zu öffnen für Menschen, die auf der Suche nach dem Ausweg aus einer gedanklichen Sackgasse sind. Wenn mir das in nur einem einzigen Fall gelingt, hat sich die Mühe gelohnt.

Anna Hoffmann, Juli 2014

10 Sicherheitsdenken

„Lieber Fehler riskieren als Initiative verhindern."
Reinhard Mohn, deutscher Unternehmer

Sicherheitsdenken ist in vielen Businesskontexten weit verbreitet. Niemand möchte ein Risiko eingehen, niemand möchte unangenehm auffallen, niemand möchte im Ernstfall schuld sein am Misserfolg. **Sicherheitsdenken blockiert jede Art von Innovation, weil das Betreten von Neuland zwangsläufig den Kontakt mit Unbekanntem mit sich bringt.** Was nicht bekannt ist, kann nicht vorherzusehen und deshalb nicht zuverlässig geplant werden. Innovationen und Neues zu wollen bedeutet Mut zum Risiko zu haben.

Fehler und Irrtümer sind ein integraler Bestandteil des menschlichen Handelns. Lernen erfolgt aus den reflektierten Erfahrungen eines Fehlers. Neue Erkenntnisse wachsen auf dem Boden von erkannten(!) Irrtümern. Echte Neuerungen benötigen deshalb das Klima einer positiven Fehlerkultur. Wer ständig darauf bedacht ist, ja keinen Fehler zu machen, wird sich nie ins Neuland vorwagen.

Kreativität braucht einen klaren Rahmen, in dem Fehler

und Irrtümer zugelassen sind.

Damit diese Fehler und Irrtümer nicht die Betriebsgrundlagen zerstören können, ist zudem ein gutes Controlling notwendig. Wohlgemerkt, im Anschluss! Die erste Phase der Ideenfindung und des Erprobens lebt davon, dass weit hergeholte Assoziationen zu verrückten, ungewöhnlichen und vielleicht auch unpraktischen Inspirationen führen. Der Startschuss für Innovationen braucht den Freiraum für Irrwege, Fehler und Verbesserungen. Eine geniale Idee entsteht selten beim ersten Wurf!

In der Phase des ersten kreativen Inputs ist deshalb darauf zu achten, dass nicht sofort „sichere“ Lösungen angestrebt werden. Gerade das Unsichere ist ja oft das Neue und kann zu brillanten Ideen und Projekten führen. **Die unternehmerische Sicherheit muss später ins Spiel kommen, nicht in der ersten Phase des kreativen Ausprobierens und Forschens.**

Fehler und Irrtümer sollen ausdrücklich zugelassen, ja sogar erwünscht sein. Denn manch ein Irrtum stellt keine Sackgasse dar, sondern führt zu einer neuen oder modifizierten Idee. **Fehler stellen innerhalb der zweiten Phase der Konkretisierung oft Zwischenlösungen dar, die auf dem Weg nach der passenden Lösung weiter helfen können.**

Ein Fehler kann in diesem Sinne auch als Variante einer funktionierenden Lösung gesehen werden: Der bestehende Umsetzungsansatz muss bis zur funktionstüchtigen Lösung einfach noch weiter modifiziert werden.

Lösungsstrategien:

- **Fehler und Irrtümer sollten als Notwendigkeit des kreativen, innovativen Prozesses erwartet werden.** Dann können die Folgen von Fehler in einem bestimmten zeitlichen Rahmen als

Zeit- und Kostenposten von Anfang an in das Budget eingeplant werden. Dadurch verlieren Fehler, Irrtümer und Sackgassen viel von ihrer Bedrohlichkeit: Was als Selbstverständlichkeit behandelt wird, damit kann man normal umgehen. Nur Fehler, die keiner erwartet, können sich zur Katastrophe ausweiten.

- **Fehlermanagement darf sich nicht nur als Management zur Vermeidung von Fehlern begreifen:** Fehler können nur in standardisierten, sich wiederholenden Prozessen verhindert werden. Innovative Prozesse sind genau das nicht. Fehlermanagement muss deshalb zu einem gesunden Umgang mit Fehlern führen und Verfahren zu einem konstruktiven Umgang mit Fehlern definieren.

12 - **Fehler und Irrtümer sollten als Zwischenschritte zur Lösung angesehen und behandelt werden,** nicht als Sackgassen: Jeder planerische Irrtum beinhaltet eine wichtige Lernerfahrung und einen Erkenntnisgewinn. Im Rahmen des kreativen Fehlermanagements müssen Fragen gestellt werden wie: Warum ist dieser Lösungsversuch gescheitert? An welcher Stelle genau trat der Denkfehler auf? Warum? Was könnte anderes versucht werden? Welche weiteren Planungs- oder Umsetzungsmöglichkeiten ergeben sich aus diesem Fehler?

- **Nicht alle Fehler können durch Analysen in wertvolle geistige Erkenntnisse umgemünzt werden:** Manche Fehler in der Umsetzung passieren einfach aus Schusseligkeit, aus Übermüdung, aus Überforderung oder durch zu viel Stress. Strategische Fehler sind deshalb von alltäglichen Fehlern zu trennen. Beide Arten von Fehlern müssen erlaubt und im Vorfeld im Budget eingeplant sein.

- **Schuldfragen haben in einem konstruktiven, kreativen Fehlermanagement wenig zu suchen.** Schuldfragen ergeben sich meist aus nicht wahrgenommener Verantwortung und sind oft ein Hinweis auf nicht ausreichend geklärte Führungspflichten oder verfehlte Kommunikation. Ein Fokus auf die Klärung von Schuldfragen führt im kreativen Prozess selten weiter.

- **In der Phase der Ideenfindung, der Phase der Ideation, sollten von den Menschen mit Führungsverantwortung ausgefallene, durchgeknallte und ungewöhnliche Ideen ausdrücklich eingefordert werden.** Solche Ideen bergen viel Risikopotential in sich und werden deshalb oft schon im Kopf unterdrückt. Doch in der Phase der Ideation geht es nicht um das Senken von Risiken, sondern um Inspirationen und neue „Trains of thougt“. Jede verrückte Idee kann eine ausgezeichnete Lokomotive für einen „Train of thougt“ darstellen.

- **Alle Ideen, die während des kreativen Prozesses aufkommen, sollten auf weiterführende Ideen hin untersucht werden.** Welche Ideen lassen sich von der ursprünglichen Ideen ableiten? Welche Variationsmöglichkeiten bietet die Ursprungsidee? Für was kann eine nicht umsetzbare oder zu weit hergeholte Idee als Inspiration dienen? Auf diesem Weg können aus Ideen mit hohem Risikopotential realisierbare und innovative Projekte entstehen.

- **Viele Ideen werden nicht ausreichend zu Ende gedacht.** Innovative Unternehmer wie Richard Branson denken Ideen bis in alle Details weiter. Sie stoppen nicht dabei, eine verrückte Idee als verrückt oder zu weit weg von einer zeitnahen Umsetzung zu beurteilen. **Stattdessen fragen sie sich, mit welchen Schritten die Idee in die Wirklichkeit geholt werden kann.** Durch die detaillierte Visualisierung der gesamten Ideenumsetzung können sowohl realistisch Möglichkeiten als auch mögliche Risiken aufgespürt werden. Indem der Innovationsprozess vollständig mit den Mitteln des kreativen Denkens durchleuchtet wird, können in der Phase der Ideation Flügel wachsen, die in der Phase der Planung festen Boden unter die Füße bekommen.

- **Ideen sollten in der Ideationphase nicht bewertet oder beurteilt werden.** Genau dass hindert den innovativen Muskeln daran, stärker zu werden. Jede abgewürgte Idee stoppt den kreativen Train of thougt, der zu einem umsetzbaren Projekt führt. Es Ist nicht leicht, ungewöhnliche Denkansätze weder bei sich selbst noch bei anderen nicht im Keim zu ersticken. Doch man kann und sollte diese Fähigkeit trainieren.

- **Die Ideationphase sollte als Spielwiese für frisches Denken betrachtet werden,** wie im Kindergarten: Hier soll und darf nach Herzenslust ausprobiert werden. Die Umgebung erlaubt und fördert, dass eigene Impulse zum Ausdruck gebracht werden können. Perfektion wird nicht erwartet. Kein Kindergartenkind ist schon perfekt.

- **Das Entwickeln von tragfähigen Ideen ist ein mühsamer und mitunter anstrengender Prozess, denn er hat mit Denken zu tun.** Viele Menschen scheuen das Denken. Deshalb sollte das Entstehen einer Idee gewürdigt werden, unabhängig davon, ob die Idee später umgesetzt werden kann.

- **Wenn Ideen bewertet werden, dann sollte man nicht nur nach "brauchbar" oder „nicht brauchbar" beurteilen, sondern bewusst nach interessanten Ansätzen suchen.** Viele „nicht brauchbare Ideen" tragen wertvolle Ansätze für weitere Ideen in sich. Diese Türen zu weiterführenden Ideen treten schneller zu Tage, wenn man in der Phase des Sortierens bewusst nach interessanten Gesichtspunkten Ausschau hält. Dabei darf aber das Kriterium „interessant" nicht als Synonym für „schlecht" missbraucht werden.

Konkurrenzdenken

„Ehe man anfängt, seine Feinde zu lieben, sollte man seine Freunde besser behandeln.“
Mark Twain

Es kann nur einen geben. Das ICH gewinnt. Nur die Ersten werden die Ernte einfahren können. Der Konkurrenzdruck in Unternehmen kann enorm sein, denn nur einer kann an der Spitze stehen und viele wollen aufsteigen. Ob dieses Verhalten den menschlichen Potentialen jedes Einzelnen gerecht wird, scheint mir fraglich. Trotzdem ist Konkurrenzdenken und auch konkurrierendes Verhalten sehr weit verbreitet.

Für kreatives Denken kann Konkurrenzdruck tödlich sein, weil dadurch eine falsche Fokussierung ausgelöst wird. Wer sich von seinen Mitbewerbern abgrenzen will, richtet seine Energie nicht auf das zu lösende Problem, sondern konzentriert sich auf die Herausforderungen in der Konkurrenzsituation.

Ich habe das selbst sehr anschaulich erlebt, als eine von mir mit entwickelte innovative Software auf einer Messe prämiert werden sollte: Da die Software von einer konkurrierenden Abteilung der Firma erstellt worden war, gab es auf der Messe so gut wie keine optische Präsenz der Software. Anstatt dass alle am selben Strang ziehen und sich darüber freuen, dass der Firma ein Erfolg geglückt ist, wurde innerhalb des Unternehmens nur gesehen, dass die „falsche Abteilung" für den Erfolg verantwortlich war. Um der konkurrierenden Abteilung zu schaden, wurde dann die Präsentation des Erfolgs verhindert. Dass dadurch auch dem Unternehmen selbst geschadet wurde, spielte in der offenbar starken Konkurrenzsituation keine Rolle.

Wie an dem Beispiel klar zu sehen ist, **erschwert Konkurrenzdenken jede Art von produktiver Zusammenarbeit. Eine gute Idee braucht aber in der Regel das Zusammenspiel von mehreren Menschen, damit aus der Idee ein ausgereiftes Produkt werden kann.** Negatives Konkurrenzdenken im Team sollte in kreativen Prozessen also möglichst reduziert werden.

Lösungsstrategien:

- Die Ideationphase und innovative Projekte sollten möglichst nicht an Wettbewerbssituationen innerhalb des Unternehmens gekoppelt sein.
- **Ideenentwicklung sollte ein permanenter Bestandteil des allgemeinen Arbeitsprozesses sein und kein gesonderter oder besonders exponierter Vorgang.**
- Allen Personen, die innerhalb eines Unternehmens an Innovationsprozessen interessiert sind, sollte die Möglichkeit gegeben werden, ihre Ideen und Projekte vorzustellen und sich angemessen präsentieren zu können.
- **Geistiges Eigentum sollte geachtet werden, auch innerhalb des Unternehmens:** Ideenklau ist ein Delikt, der dazu führt, dass kreative Denker sich neue Betätigungsfelder suchen.

- **Wer eine tragfähige Idee gehabt hat, die jetzt in die Umsetzungsphase kommen soll, braucht die Möglichkeit, sich ein eigenes Team zusammenzustellen und die eigenen Ideen selbst weiter zu verfolgen.** Nur wer die Erfahrungen aus der Umsetzungsphase gewinnen kann, wird zu einem ausgereiften kreativen Denker. Ein Kind muss ich nicht nur in die Welt setzen, sondern vor allem selbst groß ziehen, um bei Erziehung mitreden zu können. Der Prozess der Zeugung macht noch keinen Vater (und keine Mutter) aus. So macht auch ein „Einfall", egal von welcher Brillanz, noch keinen kreativen Geist. Ein kreativer Geist entsteht erst, wenn ich auch in der Phase der Rückschläge und Herausforderungen wiederholt gute Einfälle habe.

- Profilierungsversuche Einzelner auf Kosten von anderen sollten von der Führung unterbunden und negativ kommentiert werden.

- **Ein zeitlich und menschlich generell entspanntes Arbeitsklima trägt maßgeblich zur Förderung von kreativen Prozessen bei.** Leistung sollte nicht nach Zeitdauer, sondern nach Ergebnis beurteilt werden. Phasen der Muße auch innerhalb der Arbeitszeit können nachhaltig zu guten Ideen beitragen. Permanenter Druck, negativer Stress und Angst verringert die Leistungsfähigkeit der kreativen Potentiale im Gehirn enorm, die zu einer guten Lösungsfindung beitragen. Das sollte sich mittlerweile herumgesprochen haben.

- **Der Fisch stinkt immer vom Kopf her: Die Mitarbeiter schauen sich von der Führung ab, wie Teamgeist definiert wird.** Worte und Leitbilder sagen weniger aus als Taten. Wer unter seinen Mitarbeitern einen kreativen Geist wecken oder fördern möchte, sollte das in der Führungskultur aktiv vorleben. Dabei werden vor allem durch den Umgang mit Fehlern, Verantwortung und Leistungsdruck klare Zeichen gesetzt.

- Eine Firmenkultur des „Gesehen Werdens" trägt dazu bei, dass jeder gerne seinen Input gibt, nicht nur die Platzhirsche und Blender.

Gerade die stillen Wasser haben oft herausragende Ideen. Unter „Gesehen werden" ist zu verstehen, dass die Leitung jeden Einzelnen bewusst zu einem Beitrag auffordert und dann auch bei jedem Einzelnen hinsieht, was er oder sie beizutragen hat. Der Anteil eines jeden wird eingefordert und angemessen gewürdigt. Sonst kommen immer die zum Zug, die am lautesten auf sich aufmerksam machen, auch wenn sie keine substantiellen Beiträge liefern.

Gute Ideen nicht erkennen und würdigen können

„Der intuitive Geist ist ein heiliges Geschenk und der rationale Geist ein treuer Diener. Wir haben eine Gesellschaft erschaffen, die den Diener ehrt und das Geschenk vergessen hat."
Albert Einstein

Viele Menschen finden es schwierig, Ideen zu haben, gute Ideen. Deshalb ist es tragisch, dass so manche gute Idee, die auf den Tisch kommt, nicht als solche erkannt wird. Gute Ideen tragen oft neue Sichtweisen und Gedanken in sich. Das kann dann ungewohnt, unbekannt oder unvertraut sein. **Durch die Eigenschaft des Unbekannten werden Ideen oft als schlecht abgestempelt, bevor die Idee richtig durchleuchtet wurde, jenseits aller Vorurteile.**

Ideen, die z.B. beim Brainstorming allein oder im Team entstehen, werden nicht systematisch tiefer gehend auf ihre Wertigkeit hin untersucht. Dadurch wird das Potential einer Idee nicht ausreichend erforscht. Gute Ideen werden nicht erkannt. **Ideen, die zu weiterführenden Ideen überleiten könnten, werden zu schnell verworfen.**

Die negativen Folgen dieser Vorgehensweise liegen auf der Hand: Der Druck, jetzt endlich eine auf den ersten Blick zu erkennende „brauchbare Idee“ zu entwickeln, erhöht sich. Der Glaube an die eigene Fähigkeit, eine gute Idee oder einen innovativen Ansatz vorbringen zu können, schwindet. Die Bereitschaft, in der Ideationphase frei drauf los zu forschen, welche Gedanken wohin führen können, nimmt ab.

Um gute Ideen erkennen zu können, braucht es Training für den wertschätzenden und potentialorientierten Blick auf eine Idee. Wohl gemerkt: Potentialorientiert bedeutet nicht realitätsfern! Die Suche nach den Chancen und Möglichkeiten einer Idee muss zum Standardrepertoire bei der Beurteilung von Ideen gehören. Das gelingt nicht immer objektiv, sollte aber wenigstens von allen Anwesenden versucht werden.

Ich habe es im Laufe meiner Tätigkeit als Beraterin für Start-ups mehr als einmal erlebt, dass brillante Ideen mit viel Marktpotential nicht als solche erkannt worden sind. Die Ursache liegt oft in einer einseitigen und festgefahrenen Denkweise. Wer immer in die Höhe baut, kann den Wert eines Lochs im Boden nicht mehr erkennen. **Viel unternehmerisches Potential wird verschenkt, wenn gute oder ausbaufähige Ideen nicht gesehen und weiter verfolgt werden.**

Lösungsstrategien:

- **Jede Idee schriftlich festhalten!** Das gilt auch für den Fall, das man ganz alleine auf Ideenfang geht oder plötzlich eine Inspiration hat. Inspirationen können sehr flüchtig sein. Wer nicht an den Wert einer Idee oder einer Inspiration glaubt, wird sich nicht die Mühe machen, diese Idee schriftlich festzuhalten. Deshalb kann es wertvoll sein, sich anzugewöhnen, erst einmal jede Idee festzuhalten. Am besten in einem speziellen kleinen Notizbuch für Ideen, das man immer bei sich führt. Man weiß nie, wann einen die Muse der Inspiration küsst. Die Struktur der Bindungsfähigkeit des Kohlenstoffatoms, eine der wichtigsten Grundlagen der modernen Chemie, wurde beim Bus fahren entdeckt.

- In einer Gruppe sollte jeder kreative Input gewürdigt werden. **Auch eigene Ideen sollte man angemessen wertschätzen können.**

- Geistiges Eigentum sollte man schätzen und würdigen. **Wer Ideen klaut oder es nur versucht, begeht Diebstahl und schädigt das soziale Klima in seinem Umfeld nachhaltig.** Zur Wertschätzung von geistigem Eigentum gehört auch, dass in Ideationphasen oder Kontexten für Inspiration der Freiraum besteht, Ideen für sich behalten zu dürfen.

- **Eigene Ideen sollte man zunächst nur in einem Umfeld laut aussprechen, dem man vertrauen kann.** Eine Idee kommt durch das Reden darüber in die Welt, so wie ein Säugling aus dem Mutterleib kommen muss, um zum Kind zu werden. Erst im Kontakt mit der Welt kann die Idee ausreifen und zu einer erfolgreichen Idee heranwachsen. Ideen gedeihen durch das Feedback von anderen. Deshalb sollte klar sein, dass das erste Feedback wertschätzend ist und die Idee in einer sicheren Umgebung reifen kann.

- **Jede Idee sollte objektiv auf ihre Chancen und Möglichkeiten hin geprüft werden:** Dafür kann es hilfreich sein, eine Idee nach dem Notieren erstmal ein klein wenig ruhen zu lassen. Mit etwas Abstand und nach verschiedenen anderen Inputs lässt sich meist leichter klären, was wirklich an einer Idee dran ist. Der Rausch der Begeisterung, der einen kreativen Einfall begleitet, ist ähnlich dem verschleierten Blick eines Verliebten: Man kann nichts Negatives erkennen. Aber auch in einem Streit ist man blind: blind für alle guten Seiten. Zeitlicher Abstand hilft, den Blick auf eine Idee zu klären und realistische Chancen oder weiterführende Möglichkeiten hinter der Idee zu erkennen.

- **Um den objektiven Blick auf eine Idee zu schärfen, kann man die Idee zum Mittelpunkt einer SWOT-Analyse machen.** Hier werden nicht nur die Stärken und Schwächen einer Idee gesammelt, sondern auch bewusst nach den Möglichkeiten und Chancen für eine Idee gesucht. Erst dann wird der Blick auf die Risiken gelenkt und wie die Risiken zu minimieren sein könnten.

- Jede Idee sollte auf ihr Potential zu weiterführenden Ideen hin durchleuchtet werden: **in fast jeder Idee stecken weitere Ideen.** Die Idee, die später umgesetzt wird, ist oft das Kind von einem Kind von einer Idee. Wird die „Omaidee" zu schnell verworfen, kann das Enkelkind nicht die Welt erblicken.

- **Bei der Beurteilung von Ideen sollte man gezielt die gewohnte Denkrichtung wechseln,** z.B. durch spezifische Tools aus dem Bereich des kreativen Denkens. Einen vorurteilsfreien Blick auf Ideen und Denkansätze kann man sich antrainieren.

- **Das Potential von Ideen muss im Markt aktuell recherchiert werden, den die Märke ändern sich heute schnell.** Was für den Einen als spinnert gilt, ist für andere schon der neue Hit. Dafür reicht es manchmal, eine Blitzumfrage im eigenen Umfeld zu starten, wenn das eigene Umfeld nicht zu homogen ist. (Für die Mad Men Fans: In der Agentur wurden für erste Markttests gerne die fachfremden Angestellten herangeholt. Das kann auch heute noch nützliche Hinweise auf das Potential einer Idee geben).

- **Für jede Idee sollte eine klare Zielgruppe definiert werden. Das muss keine Zielgruppe sein, die von der Marktforschung schon als eigene Zielgruppe klar definiert worden ist.** Wer sich in seinem Alltag umsieht, kann selbst viele Zielgruppen erkennen, eine Umschreibung genügt. In dieser Zielgruppe sollten erste Umfragen zum Potential der Idee gestartet werden. Dafür sollte ein anschauliches Modell zur Verfügung stehen.

- **Während der Markttests mit dem Prototypen sollte in der anvisierten Zielgruppe nach der Bedarfslage für vergleichbare Produkte geforscht werden.** Wie weit reicht das Marktpotential für die Idee? Lassen sich aus der Idee ein ganzes Bündel von Dienstleistungen oder Produktvariationen entwickeln und auf dem Markt platzieren?

- Soziale Netzwerke sind selten wirklich sozial und deshalb nur sehr bedingt zum Testen oder Weiterentwickeln von frischen Ideen geeignet.

24 Nachahmen

„Man kann niemanden überholen, wenn man in seine Fußstapfen tritt."
François Truffaut

Wir leben im Zeitalter von Benchmarks und Kennzahlenwahn. Vergleichen, Kopieren und Nachahmen gilt als Lernen von den Erfolgreichen. Dabei wird etwas Wichtiges oft übersehen: Niemand ist gleich. Wir sind keine Klone. Erfolgsfaktoren hängen sehr oft von singulären Persönlichkeiten und spezifischen Umweltbedingungen ab.

Kopieren führt also oft eher auf das Abstellgleis als auf das Siegertreppchen. Der Gründer, der die Strategie eines anderen Unternehmens 1:1 kopieren möchte, ist quasi schon gescheitert. **Die Tendenz zum Nachahmen beruht auf Sicherheitsdenken und ist damit der Feind des kreativen Denken.**

Der schon etwas abgedroschene Ruf nach dem Alleinstellungsmerkmal macht an dieser Stelle noch einmal Sinn: Es geht um Unverwechselbarkeit, um Einzigartigkeit. Wer nur kopiert, kann nicht Einzigartig sein. Wir Menschen sind sehr verschieden und vielfältig. Und so sollen auch die Produkte und Dienstleistungen, die wir auf den Markt anbieten, vielfältig und einzigartig sein. (Ein Ansinnen, dass der Logik der Sirenenserverideologie fremd ist. Facebook und Co. sorgen dafür, dass die Diversität innerhalb der Trends ausstirbt und alle nur noch mehr von dem Gleichen wollen, das offiziell „likeable" ist. Bald werden die Möglichkeiten der Schönheitschirurgie dazu genutzt, dass alle Mädchen wie Heidi-Klum-Lookalikes aussehen. Kreativität geht anders).

Wer seine eigenen Stärken und Kernkompetenzen zum Maßstab macht, wird langfristig auf dem Markt mehr Erfolge verbuchen können, als derjenige, der immer den Maßstäben hinterher rennt, die andere für ihn gesetzt haben. **Originalität ist ein wichtiger Schlüssel zum Erfolg.** Darum darf auch in der Kreativität die Konkurrenz nur Ansporn und Inspiration sein, niemals Vorgabe. **Nachahmung verhindert Originalität. Ohne Originalität keine echte Innovation!**

Ray Charles ist erst richtig erfolgreich geworden, als er aufgehört hat, Nat King Cole zu kopieren und seinen eigenen Stil gesucht hat. Dieser Stil beruhte auf einer Kombination aus dem, was seinen Stärken entsprach: Gospel und Blues. Damit war er zu seiner Zeit einzigartig.

Ein eigener Stil springt niemanden an. Er muss bewusst gesucht werden und sollte auf der eigenen Persönlichkeit beruhen. Es kann einen vorübergehend zum Außenseiter machen, wenn man nicht dem aktuellen Trend folgt, aber langfristig führt diese Strategie zum Erfolg.

Mein Leistungsfach im Abitur war Kunst. Die Zensur pendelte zwischen vier und fünf, weil ich schlecht im Kopieren war. Im Kunstunterricht ging es nur ums Kopieren: „Malen Sie das ab!" Das hat mich schon immer gelangweilt. Trotz meiner schlechten Note habe ich als Einzige meines Jahrgangs sofort die Aufnahmeprüfung für die Kunsthochschule geschafft. Meine Kunstlehrerin war fassungslos. Warum war ich erfolgreich? Nun, in der Kunsthochschule wurden sofort alle aussortiert, die keinen erkennbaren eigenen Stil hatten. Kopieren galt als Kunsthandwerk, nicht als Kreativität. Ich habe mein eigenes Ding gemacht, und das war meine Eintrittskarte.

Abschauen und Nachahmen ist des Teil des Lernprozesses, aber kein Zeichen von Meisterschaft. Nach dem Beherrschen der Mittel und Werkzeuge muss der freie Ausdruck im Mittelpunkt stehen. Wer kopiert, bleibt immer im Schatten des Originals. **Begeisterung beim Kunden entsteht durch ein originelles, authentisches Produkt mit klarer persönlicher Note.**

Der Erfolg von Steve Jobs liegt im ausdrücklichen Nicht-Nachahmen. Steve Jobs hat in seinen Produkten seine Persönlichkeit zum Ausdruck gebracht. Das hat für eine klare Unverwechselbarkeit der Marke Apple gesorgt.

Lösungsstrategien:

- **Beobachten Sie den Markt regelmäßig. Schauen Sie, was gerade im Trend ist. Und dann wenden Sie sich Ihren eigenen Ideen zu.** Hören Sie auf, zu viel zu vergleichen. Wenn Sie regelmäßig im Kontakt mit dem Markt sind, werden Sie davon ausreichend inspiriert. Sie sollten nicht extra nach Vorbildern Ausschau halten.

- **Identifizieren Sie Ihre persönlichen Stärken und Kernkompetenzen und die Ihres Unternehmens. Machen Sie diese zur Grundlage neuer unternehmerischer Perspektiven.** Stricken Sie aus den Stärken und Kernkompetenzen die Rahmenbedingungen für den Prozess des kreativen Denkens. Manchmal kann der Blick von außen helfen, um die eigenen Stärken und Kernkompetenzen erkennen zu können. (Wer den Blick von außen sucht, um seine persönlichen Kernkompetenzen zu identifizieren, findet entsprechende Angebote unter www.anna-hoffmann-coaching.de)

- Prüfen Sie die inneren Vorbilder: Möchten Sie so sein wie XYZ? Oder möchten Sie nur die kreative Ader von XYZ zum Vorbild nehmen? **Vorbilder sind hilfreich, wenn sie den Weg zur eigenen Individualität und zur eigenen Persönlichkeit unterstützen.** Vorbilder als Bilder zum Kopieren sind negativ, weil Sie dann niemals Ihre eigenen Stärken wirklich schätzen können.
- Das gilt auch für Firmenleitbilder: Soll Ihr Unternehmen sein wie Firma XYZ? Oder haben Sie ein Leitbild, das auf Ihren eigenen Zielen, Stärken und Möglichkeiten basiert?

28 Erwartungsdenken

„Die Dinge sind nie so, wie sie sind. Sie sind immer das, was man aus ihnen macht."
Jean Anouilh

Jeder hat das schon mal bei sich selbst erlebt: Wenn eine bekannte Situation auftritt, gehe ich davon aus, dass sich andere Faktoren wie von selbst einstellen werden. **Mit bestimmten Situationen sind klare Erwartungshaltungen verbunden („set thinking").** Der Osterhase wird im Frühling erwartet, nicht zu Weihnachten.

Dieses set thinking bremst neue Erfahrungen aus, weil es das Denken in bekannte Kanäle führt. Die Weihnachtsfeier wurde immer so und so gestaltet, also wird das jetzt ohne Nachzudenken wiederholt. An einem runden Geburtstag passiert das und das. **Selbst wenn in so einer Situation ausdrücklich neue Ideen gefragt sind, bleibt das Denken zunächst im gewohnten Erwartungsbild verhaftet.**

Erwartungsdenken hat in anderen Kontexten durchaus Vorteile: Ich kann mich in Routinesituationen leichter darauf einstellen, was von mir erwartet wird. Dadurch werden dem Gehirn keine unnötigen Denkleistungen abverlangt. Wer die Strecke zur Arbeit kennt, fährt sie auch im Schlaf.

In Situationen, in denen kreatives Denken erforderlich ist, verhindert Erwartungsdenken allerdings das Generieren von echten Innovationen oder ungewöhnlichen Ideen. Der Geist verharrt dann quasi in den Bildern des Gewohnten und Üblichen. Wer mit Autos immer vier Räder assoziiert, kann sich kein Auto mit drei Rädern vorstellen.

Vorgeformte Erwartungshaltungen blockieren das kreative Denken. Es wird dann sehr schwer, in einer bekannten Situation Neues zu entdecken oder innovative Ansätze zu erkennen.

Lösungsstrategien:

- **Unvoreingenommenheit sollte im Vorfeld durch entsprechende Rahmenbedingungen oder Übungen eingefordert und gefördert werden.** Bewegen Sie z.B. den Körper vor der Denkphase! Gehen Sie in die Natur! Sprechen Sie vorher eine Stunde lang nicht! Singen Sie zusammen! Gehen Sie in ein Konzert! Tauschen Sie sich über eine gemeinsame Lektüre aus, die dem Denken neue Richtungen weist. Sehen Sie zusammen einen Film an, der den Kontext des kreativen Problems aufgreift. Füttern Sie Ihre Sinne mit neuen Impulsen!
- **Scheinbare Selbstverständlichkeiten müssen im Vorfeld der Ideationphase gesammelt, analysiert und explizit in Frage gestellt werden.** Finden Sie dazu Antworten auf folgende Fragen: Was erscheint selbstverständlich? Welche Assoziationen kommen mir zu dem Thema sofort in den Sinn? Was erscheint unverzichtbar? Welche Bilder entstehen automatisch in meinem Kopf? Welche Erfahrungen habe ich dazu in der Vergangenheit gemacht und gespeichert?
- Daraus können eigene Tools und Fragestellungen in der Ideationphase gewonnen werden: Wie würde ein Produkt aussehen,

wenn alles so ist wie gewohnt? Was wäre das genaue Gegenteil davon? Was würde als Variation in der Mitte zwischen dem Gewohnten und dem ganz anderen stehen? Was ist, wenn wir alles in eine andere Umgebung (Nordpol) verlegen? Für eine andere Zielgruppe (Schulkinder) planen würden? Was würde der Osterhase an Weihnachten machen?

- Der Blick von außen sollte gezielt hinzugezogen werden: Wie beurteilen Menschen die Situation, die nicht mit ähnlichen Erwartungshaltungen wie das Team behaftet sind? **Holen Sie die Perspektive eines Fachfremden ein!**

- In der Ideationphase sollten bewusst Techniken für ungewohnte Perspektiven eingesetzt werden, wie z.B. die Umkehrmethode oder die Methode Alter Ego.

- Klassische Erwartungshaltungen sollten bewusst durchbrochen werden, zum Beispiel in dem die Ideationphase in einem konträren Setting stattfindet. Durch die der Erwartungshaltung konträre Sinnesimpulse wird das kreative Denken in andere Bahnen gelenkt. Ist die Erwartungshaltung z.B. „langweilig", dann suchen sie etwas, was für alle Beteiligten nicht „langweilig" ist und halten ihr Meeting dort oder direkt im Anschluss ab. Firmenausflüge müssen nicht nach Schema X ablaufen und müssen auch kein klassisches Teambuildingsetting enthalten. Viele große Denker haben sich gezielt inspirierende Umgebungen gesucht.

- **Beherzigen Sie im Kreativmeeting den Satz von Paul Arden: „Egal was du denkst, denk das Gegenteil."**

- Für die Auflösung von Set-Thinking bietet sich auch der Einsatz von Inspiration Settings an (Informationen zu Inspiration Settings finden Sie unter www.intense-impact.de).

Das richtige Selbstbewusstsein

„Selbstvertrauen ist das erste Geheimnis des Erfolges."
Ralph Waldo Emerson

Selbstbewusstsein kann eine schwierige Sache sein. Hat man zu viel davon, wird man zu selbstsicher und stellt seine eigene Kompetenz nicht mehr in Frage. Das kann dazu führen, dass die Bereitschaft zum Lernen nachlässt. Oder die Fähigkeit, den eigenen Stand des Wissens in Frage zu stellen. Beides kann für die Kompetenz zum kreativen Denken fatal sein.

Zu wenig Selbstbewusstsein kann wiederum dazu führen, dass ich meinen eigenen Ideen nicht traue. Oder dass ich mich für einen schlechten Denker halte und deshalb wichtige Prozesse und Entscheidungen nach außen abgebe.

Selbstbewusstsein ist notwendig, um Fehler erkennen und vor mir selbst zugeben zu können. Dadurch wird sichergestellt, dass Fehler auch zu echtem Erkenntnisgewinn führen können.

Wer schon mal die Erfahrung gemacht hat, dass eine eigene Idee ihn weitergebracht hat, tut gut daran, sich von Zeit zu Zeit daran zu erinnern. Auch an die Lernschritte und eventuellen Misserfolge, die mit der Umsetzung verbunden waren.

Lösungsstrategien:

- **Prüfen Sie regelmäßig den Grad der eigenen Selbstzufriedenheit.** Stellen Sie sich ehrlich den folgenden Fragen: Bin ich noch offen für Neues? Wann habe ich das letzte Mal dazugelernt? Wie gehe ich damit um, dass ich etwas nicht weiß?
- Halte ich mich für einen alten Hasen, dem keiner etwas vormachen kann? Was überrascht mich noch? Wann habe ich das letzte Mal daneben gelegen?

- Bin ich noch am Puls der Zeit? Wie oft treffe ich auf Alltag? Wann und wie bin ich unter Menschen?
- Bin ich von Ja-Sagern umgeben? Wie gehe ich mit einem „Nein!" oder Gegenwind um?
- Kenne ich meine Wissenslücken? Wann habe ich zuletzt etwas nachgefragt? Konfrontiere ich mich mit neuen oder unbekannten Situationen?
- Was reizt mich noch? Was möchte ich noch lernen oder besuchen?
- **Wichtig ist auch, sich an vergangene Erfolge zu erinnern und diese bewusst zu reflektieren:**
  - Was ist mir gut gelungen?
  - Wo konnte ich einen substantiellen Beitrag leisten?
  - Wann habe ich erfolgreich etwas Neues ausprobiert?
  - Wo und wie habe ich etwas dazugelernt?
- Bemühen Sie sich darum, sich der eigenen Stärken und Talente bewusst sein. Das fällt vielen nicht leicht. **Manche können mit ihren Schwächen nicht umgehen, andere nicht mit ih-**

ren Stärken. Sich beiden bewusst zu sein, zeugt von Größe. Stellen Sie eine Bilanz auf, möglichst schriftlich:

- Worin bin ich richtig gut? Mit welcher Fachkompetenz kann ich beitragen?
- Welche speziellen Fähigkeiten bringe ich mit, zum Beispiel im Umgang mit Menschen?
- Welchen Erfahrungshorizont bringe ich mit? Welche Perspektiven verschafft mir das?

• Seien Sie sich der Tatsache bewusst, dass kreatives und schöpferisches Denken immer auch im Alltag stattfindet: **Kreatives Denken ist keine exotische Eigenschaft von Auserwählten.** Rufen Sie sich in Erinnerung:

- Wann habe ich schon mal ein Problem gelöst?
- Wann ist mir ein neuer Lösungsweg für ein praktisches Problem im Alltag eingefallen?
- Wo bin ich in meiner Freizeit kreativ?

• **Reflektieren Sie den eigenen Umgang mit Lob und Tadel:**

- Für welches Arbeitsergebnis kann ich mich selbst loben?
- Ich welchen Kontexten haben andere mich gelobt?
- Wie gehe ich mit Fehlern um?
- Wann habe ich zuletzt jemand anderen für einen konstruktiven Beitrag gelobt?

34 Falsche Prioritäten

„Es gibt auch eine Befriedigung, die sich im Kopf abspielt: Denken."
Gabriele Wohmann

Was ist der Sinn und Zweck von kreativem Denken? Warum sollte ich mich anstrengen, um eine Lösung für ein Problem zu finden? Auf diese Fragen kann es die verschiedensten Antworten geben. Manche Menschen sind nur kreativ, wenn es von Außen „verlangt" wird. Für diese Menschen sind Anreize aus der Umwelt notwendig, um sich den Mühen des eigenständigen Denken zu unterziehen: Belohnungen, Geldversprechen oder Zwangslagen sind notwendige äußere Trigger, um selbst aktiv und kreativ zu werden.

Und dann gibt es Menschen, die sind fast immer kreativ. Das merkt man diesen Menschen nicht unbedingt sofort an, denn hier ist nicht die nach Außen gestellte Kreativität in Form von öffentlichkeitswirksamen Auftritten oder den darstellenden Künsten gemeint ist, sondern die Herangehensweise an Herausforderungen und Themen des Alltags. **Viele Forscher, Wissenschaftler oder Unternehmer sind kreative Köpfe, obwohl sie gemeinhin nicht zu den klassischen Kreativen gezählt werden.** Doch ebenso wie Designer, Künstler oder Musiker suchen sie nach neuen Wegen, innovativen Ideen und alternativen Möglichkeiten. Viele bahnbrechende Forschungsergebnisse sind durch kreatives Denken in die Welt gekommen, und nicht durch die stupide Wiederholung von etablierten Routinen.

Echte Kreativität ist eine Lebensweise und braucht keinen „Schubser" von Außen. Wer nur dann kreativ wird, weil er die richtigen Anreize bekommen hat, ist selten ein wirklich kreativer Kopf. **Kreative Denker sind von selbst kreativ, weil ihnen das eine innere Befriedigung verschafft, weil kreatives Denken und Tun für sie eine Form des Glücks darstellt.**

Der Anlass zu kreativem Denken sollte in dem Kick bestehen, den der kreative Prozess selbst auslöst. Warum verlieren sich so viele Menschen in dem Lösen von Sudokus oder anderen Denksportaufgaben? Weil auch solche Übungen eine Form des kreativen Denkens darstellen, der einen eigenen Sog und Flow entstehen lässt. Wer sich beim kreativen Denken nur anstrengt, weil er glänzen will, die Position sichern oder dazu verdienen möchte, wird seine Energie nicht wirklich auf die eigentliche Aufgabe fokussieren.

Die Motivation zur Kreativität sollte in der Sache selbst liegen, wenn man keine falschen Prioritäten setzen will. Manche Probleme werden nur deshalb nicht gelöst, weil der eigene Status, der Fokus auf das Geld oder sonstige Nebenschauplätze wichtiger werden als das eigentliche Thema. Die Prioritäten haben sich verschoben, das kreative, problemlösende Denken bekommt zu wenig Raum und Aufmerksamkeit.

Der Wunsch nach Unsterblichkeit, Ruhmsucht, Neid und Gier sind einer wertneutralen Perspektive zum Erkennen guter Ideen abträglich. Echte Kreativität schafft Werte, die von vielen anderen Menschen auch als solche anerkannt werden können. Hat Michelangelo die Deckenfresken der Sixtinischen Kapelle nur geschaffen, um sich selbst zu rühmen?

Auch firmeninterne Prämien für innovative Ideen sind kritisch zu sehen: Belohnungen können motivieren, sie können aber auch dazu führen, dass Dinge nicht mehr um der Sache willen gemacht werden, sondern nur noch, um die Belohnung zu erhalten. Deshalb ist es generell ratsam, mit firmeninternen Belohnungen sparsam und wohlüberlegt umzugehen.

Die Fähigkeit zum kreativen Denken der einzelnen Mitarbeiter wird allein durch das Aussetzen einer Prämie nicht verstärkt. Im besten Fall bewirkt eine Prämie, dass die, die sowieso viel kreativ denken, ihre Freizeit dazu nutzen, Ideen weiterzudenken oder zu Papier zu bringen, weil sie sich durch die Prämie einen Ausgleich für die verlorene Zeit erhoffen.

Im schlechten Fall wird durch eine Prämie das Konkurrenzdenken oder das Sicherheitsdenken verstärkt: Man möchte eine risikoarme Idee liefern, die garantiert den Erfolg, also die Prämie bringt. Originalität als Wert für Innovationen kann dadurch schon in der Ideationphase ins Hintertreffen kommen, da neue Ideen nicht immer sofort als gute Ideen zu erkennen sind, siehe Punkt „Gute Ideen nicht erkennen und würdigen können".

Lösungsstrategien:

- **Die Fähigkeit zum kreativen Denken sollte in der Firmenkultur ein hohes Ansehen genießen.** Das lässt sich dadurch unterstreichen, dass die gesamte Firmenkultur auf die Prozesse des kreativen Denkens eingestellt ist, etwas im Umgang mit Fehlern, internen Kommunikationsprozessen oder Zielformulierungen. Ein praktisches Beispiel für ein Unternehmen mit ausgeprägter kreativer Firmenkultur ist die Animationshitschmiede „Pixar". Hier wird täglich kollektives, kreatives Denken gefordert und gefördert, aber es wird auch in die dafür notwendigen Voraussetzungen investiert, wie etwa entsprechende Räumlichkeiten und viel Zeit.

- **Wer eine Idee einbringt, die vielversprechend ist, sollte die Möglichkeit haben, ein eigenes Kreativteam bilden zu können, um die Idee weiter zu verfolgen.** Dafür müssen klar definierte und auch klar begrenzte Ressourcen zur Verfügung gestellt werden, sowohl zeitlich als auch finanziell.

- Es sollte herausgestellt werden, dass durch kreatives Denken die allgemeine Fähigkeit zum Problemlösen gesteigert wird. **Kreatives Denken wird also nicht nur zum Generieren von ersten Ideen und Vorschlägen benötigt, sondern in vielen Situationen des beruflichen Alltags.** Kreatives Denken kann auch dabei helfen, Streitthemen zu schlichten, kommunikative Prozesse zu optimieren oder Stress am Arbeitsplatz zu reduzieren.

- **Der Einsatz von Techniken zum kreativen Denken sollte den Teamgeist stärken,** z.B. durch Techniken des parallelen Denkens, wie sie Edward de Bono entwickelt hat. Gute Ideen brauchen in der Regel ein Team, um zur Vollkommenheit zu reifen. Pixar hatte nur deshalb so viele Hits in Serie, weil hier die kreative Intelligenz des Teams in allen Phasen des kreativen Prozesses konsequent in den Mittelpunkt gestellt wurde.

- **Kreativität und kreatives Denken sollten ein Werkzeug zur inneren Reife darstellen, nicht zum Ego pushen.** Wer nur sein Ego im Blick hat, wird kaum durch Kreativität Ergebnisse erzeugen, die auch für andere Menschen von Wert sind.

- Alle Beteiligten an der erfolgreichen Realisierung einer Idee sollten belohnt werden, nicht nur die Ideengeber. Eine Belohnung kann auch in zusätzlicher Freizeit bestehen und muss nicht immer monitär ausfallen. Sollte die Firma jedoch viel zusätzlichen Umsatz durch diese Idee gewinnen, sollte das Kreativteam an dem finanziellen Erfolg angemessen beteiligt werden.

- Durch Extras im Rahmen des kreativen Prozesses oder der Phase der Ideation (wie extra Zeit, ein besonderer Ausflug etc.) sollten alle Interessierten zur Mitarbeit gewonnen werden.

- **Finanzielle Prämien sollten an die konkrete Erarbeitung von Teilschritten gekoppelt sein,** um die reine Ideengenerierung ohne Ausarbeitung nicht zu stark in den Vordergrund zu rücken. Bezahlt wird dann die Leistung, eine Idee konkretisiert oder in die Phase der Umsetzung begleitet zu haben. Das ist eine konkrete, messbare Leistung, die entsprechend entlohnt werden kann und sollte. Reine Ausgangsideen sind dagegen nur mit Vorsicht finanziell zu belohnen.

- **Privater Zeiteinsatz zur Entwicklung oder Ausarbeitung einer Idee sollte unabhängig vom Erfolg gewürdigt werden.** Neue Ideen in die Welt zu setzen kann ähnlich zeitraubend sein wie ein Kind bis in das Erwachsenenleben zu begleiten.

Mangelnde Ausdauer

„Erfolg hat nur, wer etwas tut, während er auf den Erfolg wartet.“
Thomas Alva Edison

Eine der größten Gefahren für kreative Prozesse liegt in mangelnder Ausdauer und Sprunghaftigkeit. Auch wenn von vielen die Phase der Ideation als die schwierigste Phase gesehen wird (die Phase der expliziten Ideengenerierung), liegt der kritische Punkt im Zeitraum danach: Jede Idee braucht Zeit und Einsatz, damit sie wachsen, nachreifen und ihre Kinderkrankheiten abstreifen kann.

Es gibt keine Idee, die mit einer Erfolgsgarantie auf die Welt kommt. Der Erfolg einer Idee stellt sich erst dann ein, wenn nach der Phase der zündenden Idee und der Begeisterungsstürme viel Fleiß, Ausdauer und Hartnäckigkeit für die Ausarbeitung der Idee aufgebracht wird. **Die Verwirklichung einer kreativen Idee ist oft ein mühsamer und langwieriger Prozess.** Das sollte allen Beteiligten von Anfang an klar sein, sonst besteht die Gefahr, dass bei der ersten Schwierigkeit zur nächsten Idee übergewechselt wird.

Gerade Menschen mit vielen Ideen neigen dazu, bei den ersten

Anzeichen einer Stockung eine neue Idee zu entwickeln und dort weiter zu machen. Die Euphorie, die mit einer neuen Idee verbunden ist, macht mehr Spaß als der oftmals frustrierende Prozess der Umsetzung.

Umsetzungsprozesse sind keine Selbstläufer: Nach dem Motivationsschub, der durch die Begeisterung der ersten Zeit nach der Ideenfindung trägt, sind viel Phasen mit Rückschlägen, Misserfolgen und Schwierigkeiten zu bewältigen. **Klug, wer seine Fähigkeit zum kreativen Denken nicht nur auf die Phase der Ideengenerierung anwendet, sondern auch zur Problemlösung nutzt.**

Trotz allem kann es notwendig sein, sich im Laufe des Umsetzungs-
 prozesses von einer Idee zu verabschieden, egal, wie viel Zeit, Geld und Energie in das Projekt schon gesteckt worden ist. Manchmal wird erst im Laufe der Realisierung deutlich, dass z.B. die Zeit für eine Idee aus technischen oder gesellschaftlichen Gründen noch nicht gekommen oder vielleicht auch schon vorbei ist.

Dann sollte man den Mut haben, das Projekt abzublasen, bevor noch mehr Geld und Energie ins absehbare Scheitern gesteckt wird. Die Erfahrungen, die im Laufe des schon absolvierten Realisierungsprozesses gewonnen wurden, können trotzdem noch nützlich sein. Zum Beispiel können die gemachten Erfahrungen, besonders auch die negativen, in spätere Innovationsprozesse eingebracht werden. Das kann sehr wertvoll sein.

Das iPad von Apple hatte einige gescheiterte Vorläufer in den 90er Jahren, auch wenn sich selten jemand daran erinnert. Kaum eine erfolgreiche Innovation kommt aus dem Nichts.

Lösungsstrategien:

- **Die langwierigen Prozesse nach der Ideenfindung sollten allen Projektbeteiligten bewusst sein, damit keine falsche Er-**

wartungshaltung für schnelle Erfolge den Umsetzungsprozess aus bremst.

- Unrealistische Ideen sollten im Entscheidungsverfahren aussortiert werden. (Siehe dazu auch den Punkt „Fehlender Realitätssinn).

Nach der Entscheidung für die favorisierte Idee sollte ein nachvollziehbarer Plan mit den einzelnen Schritten für die Umsetzung erarbeitet werden. **Dazu ist eine realistische Terminierung der einzelnen Arbeitsschritte zu definieren.** Eine realistische Terminierung bedeutet in der Regel mehr Zeiteinsatz als zunächst gedacht und entspricht deshalb oft nicht den Wünschen der Auftraggeber oder der Führung. Für eine realistische Zeitplanung ist deshalb Mut erforderlich und eine entsprechende Firmenkultur.

Hätte der BBI-Flop weniger Flop-Charakter, wenn rechtzeitig eine realistische Zeit-(und Finanz-)planung erstellt und veröffentlicht worden wäre?

- **In Teams für kreatives Denken sollten Menschen mit vielen Ideen mit Menschen mit viel Ausdauer kombiniert werden.**
- Kreatives Denken sollte nicht nur im Ideationprozess eingesetzt werden, sondern gezielt auch in der Umsetzungsphase zur Problemlösung. **Auftauchende Herausforderungen können bewusst als Training zum kreativen Denken verstanden werden.**
- Bei Stockungen im Umsetzungsprozess sollten Sessions zum kreativen Denken angesetzt werden. Dabei können Werkzeuge des kreativen Denkens eine wertvolle Hilfe leisten.

42 Fehlender Realitätssinn

„Große Gedanken brauchen nicht nur Flügel, sondern auch ein Fahrgestell zum Landen."
Neil Armstrong

Realitätsfernes Denken ist kein Zeichen von Kreativität. **Das Bild, dass kreative Köpfe weltfremde Sonderlinge sind, die nach eigenen Regeln leben, ist ein weit verbreiteter Irrtum.** Sicherlich gehört zum kreativen Denken der Mut zum Überspringen von festgefahrenen Regeln und Sichtweisen, doch das darf nur ein Bestandteil der Kreativität sein.

Echte Kreativität zeigt sich immer darin, dass diese einen Wert erzeugt, der auch von anderen als Wert erkannt wird. Kreatives Denken muss zu Produkten oder Dienstleistungen mit einem echten Nutzen führen.

Freies Ausspinnen von Ideen oder persönlichen Phantasien allein ist noch keine Kreativität. Echte Kreativität erzeugt Werte. **Damit ich durch kreatives Denken Ideen mit Nutzen für andere Menschen erzeugen kann, muss ich mich mit der Realität ausein-**

andergesetzt haben. Ich muss die Fakten kennen. Ich muss die Rahmenbedingungen kennen. Nur wer die Regeln kennt, kann sie gezielt überspringen und so echte Innovationen schaffen.

Wer sich nicht mit IT auseinandergesetzt hat, wird kaum neue innovative Hardware entwickeln können. Wer sich nicht mit dem Alltag von Schulkindern beschäftigt hat, entwickelt schnell Ideen an dieser Zielgruppe vorbei. Für einen Film brauche ich eine Kamera. Alles hat Rahmenbedingungen und Grundregeln. Wer sich damit nicht beschäftigt oder glaubt, diese Regeln ohne Kenntnisse überspringen zu können, operiert leicht an der Realität vorbei.

Ich war an der Entwicklung einer Software beteiligt, die für den regelmäßigen schulischen Einsatz in der Grundschule gedacht war. Das war um die Jahrtausendwende herum. Die Software war nicht sehr erfolgreich am Markt, weil kaum eine Grundschule in Deutschland ausreichend mit PC ausgestattet war. Das gilt noch jetzt für viele Grundschulen. Die Bedingungen in der Realität haben dem (sehr guten) Konzept leider nicht entsprochen.

Ein erfolgreiches kreatives Projekt kann auf eine gründliche Auseinandersetzung mit den realen Gegebenheiten nicht verzichten. Kreativität mit hohem Nutzwert entsteht nur auf der Basis von klaren Rahmenbedingungen, die an die realen Umgebungsbedingungen angepasst worden sind. Ohne Realitätssinn lande ich sonst leicht beim Wunschdenken.

Wunschdenken ist keine Zielformulierung und hat nichts mit einer Vision zu tun, die als Zielvorgabe dienen könnte. **Ziele und Visionen müssen erreichbar und umsetzbar sein. Sie dürfen der Gegenwart voraus, aber nicht völlig von der Gegenwart abgekoppelt sein.** Die Zukunft erwächst aus der Gegenwart, also sollten auch visionäre Ideen und innovative Projekte erkennbar aus dem Nährboden der Gegenwart wachsen.

Lösungsstrategien:

- Nach der Ideationphase sollten alle Ideen auf ihre Umsetzbarkeit hin geprüft werden. Dafür muss ein ausreichender Kontakt mit dem tatsächlichen Markt in der Zielgruppe da sein. Das Studium von Fachartikeln oder Statistiken reicht nicht. Der Alltag gibt ein realistischeres Bild von den Herausforderungen in der Umsetzung einer Idee als das oft geschönte oder gar verzerrte Bild aus Studien oder statistischen Zahlen. **Realer Kontakt mit Menschen und Alltagssituationen ist unerlässlich.**

- Ideen müssen gedanklich ausreichend weiterentwickelt sein, so dass auch Details einer Idee durchdacht und festgehalten werden können. **Grobe Ideen ohne Anfang und Ende reichen nicht aus, um die Risiken bei der Umsetzung einer Idee ausleuchten zu können.** Im Idealfall kann eine Idee so klar umrissen werden, dass sie für andere Menschen in ihrer Vorstellungswelt komplett nachvollziehbar wird.

- **Kritische Fragen sind in diesem Stadium des kreativen Prozesses willkommen und erwünscht.** Nur wer auf kritische Fragen Antworten findet, die Hand und Fuß haben, erliegt nicht der blinden Verliebtheit in eine Idee. Für ein abgesichertes Risiko (= einschätzbares Risiko) im Umsetzungsprozess einer Idee ist ein kritischer, realitätsnaher Blick Gold wert.

- **Rahmenbedingungen und Faktoren für eine erfolgreiche Umsetzung sind festzuhalten und zu beschreiben.** Dafür muss ausreichend Zeit zum Einholen der notwendigen Informationen eingeplant werden.

- **Die Erfolgschancen einer Idee sind erst nach Abwägung von Chancen und Risiken zu beurteilen** (z.B. mit Hilfe einer SWOT-Analyse). Gesichtspunkte zu Chancen und Risiken müssen dafür objektiv gesammelt werden. Für real existierende Risiken sollten Maßnahmen zur Minderung der Risiken ausreichend bedacht werden. Auch dafür helfen die Prozesse des kreativen Denkens.

- Nach der Sichtung und Bewertung aller Ideen muss eine klare Entscheidung getroffen werden, welche die Weichen für die Zukunft stellt. Die Prioritäten für das weitere Handeln sollten allen Beteiligten deutlich sein.

- **Das Kreativteam sollte neben Menschen mit einem ausgeprägten Hang zum Einfallsreichtum auch Menschen mit einer Stärke in Analyse und Logik an Bord haben.**

- **Die notwendigen Schritte zur Realisierung einer Idee müssen praxisnah und gemäß den vorhandenen Ressourcen definiert werden.**

  Der Realitätscheck kann auch dafür genutzt werden, die Ideen weiterzuentwickeln, die so nicht umsetzbar sind. Welche Ideen sind interessant genug, um damit weiter zu arbeiten? Wie kann eine unrealistische Idee zu einer umsetzbaren Idee werden?

- **Für die Beurteilung und Ausarbeitung einer Idee muss im Team ausreichende Feldkompetenz vorliegen.** Folgende Fragen sollten z.B. innerhalb des Teams beantwortet werden können:

  - Wie sieht der Markt aktuell aus?
  - Welche Zukunftstrends sind für die Zielgruppe wichtig?
  - Welche Megatrends könnten sich längerfristig auf die Gesellschaft auswirken?
  - Woher haben wir unsere Informationen?
  - Aus welchen Quellen speisen sich die Informationen?
  - Ist das Bild auf die Wirklichkeit durch die Quellen gefärbt?

46 Mangelndes Controlling

„Wer einen Fehler gemacht hat und ihn nicht korrigiert, begeht einen zweiten."
Konfuzius

Wie oben beschrieben, kann Sicherheitsdenken in der Phase der Ideenfindung eine große Blockade darstellen. Zu wenig Controlling und Regulierung kann aber eine ähnliche große Gefahr für die erfolgreiche Gestaltung von kreativen Prozessen bedeuten. Wie so oft im Leben kommt es auf die richtige Balance und die Ausgewogenheit an.

Für den Prozess des kreativen Denkens bedeutet Ausgewogenheit, dass nach der freien Phase der Ideengenerierung anschließend immer eine Phase des kritischen Betrachtens folgen muss. Kreativität wird im Alltag oft mit Chaos, Verrücktheit und ungewöhnlichem Verhalten gleich gesetzt. Deshalb scheint der Aspekt des Controllings der Kreativität zu widersprechen. Dass ist aber falsch.

Die Umsetzung von Kreativität braucht Prozesssteuerung, Optimierung, Controlling. Ein echter Kreativer kann genauso verrückt sein wie er diszipliniert sein kann. Echte kreative Köpfe wissen, welche Handlungsschritte und Rahmenbedingungen notwendig sind, um zu herausragenden kreativen Outputs fähig zu sein. Controlling, Ordnung, Timing und Selbstdisziplin sind maßgebliche Bestandteile des schöpferischen Prozesses.

Lösungsstrategien:

- Kreativität entsteht nicht dadurch, dass jedes Controlling ausfällt. **Chaos und Beliebigkeit sind nicht förderlich für kreatives Denken**. Controlling darf nicht mit übertriebenem Sicherheitsdenken gleichgesetzt werden.
- Die Controllingphase muss zeitlich und idealerweise auch räumlich von der Phase der Ideenentwicklung getrennt sein. Das Controlling darf in der ersten Phase des kreativen Prozesses, der Ideation, keine Rolle spielen.
- **In der Phase des Controllings sollen Risiken, Befürchtungen sowie Gefahren, die sich aus der Umsetzung der Idee ergeben könnten, auf den Tisch. Schwarzseherei ist hier ausdrücklich erwünscht**. Dabei geht es nicht darum, im Schwarzsehen stehen zu bleiben, sondern für jedes Risiko, jede potentielle Gefahr eine Lösung oder Abschwächungsmöglichkeit zu finden. Der Leitgedanke dazu lautet: Gefahr erkannt, Gefahr gebannt. Für Risiken oder Gefahren, die sich nicht wirklich vom Tisch wischen lassen, sollten Möglichkeiten zu Reduzierung oder Beherrschung gefunden werden.
- **Notwendige Controllingschritte sollten fest im Projektablauf eingebunden werden und nach Möglichkeit zeitlich terminiert sein**. Dadurch können sich alle Beteiligten auf die Controllingphasen einstellen und eventuelle Prozessverzögerungen in der Umsetzung rechtzeitig melden.
- **Verantwortlichkeiten sind klar zu definieren**. Auch Entscheidungshierarchien sind klar zu benennen und einzuhalten.

- Im Controlling ist darauf zu achten, ob die definierten Handlungsschritte eingehalten werden. **Es ist auch darauf zu achten, ob der Umsetzungsprozess tatsächlich den festgesetzten Prioritäten folgt**. Liegt eine konstante Fokussierung auf die zuvor festgelegten Zielen vor? Wenn nein, warum gibt es Abweichungen?

- **Notwendige Tests sollten in einer realitätsnahen Umgebung stattfinden**. Die Ergebnisse der Tests sollten in den aktuellen Umsetzungsprozess eingebunden werden. Dafür muss der Prozessrahmen ausreichend flexibel sein.

- Scheitern in den Tests oder im Prozessverlauf sollte nicht als negativ gedeutet werden. **Misserfolge helfen dabei, den Weg zum Erfolg klarer zu definieren**. In diesem Sinne sind Tests vor allem zur Definition von Optimierungsmöglichkeiten zu verstehen.

Tests, zum Beispiel Funktionstests oder Markttests sollten so früh wie möglich stattfinden. Egal, ob die Ergebnisse positiv oder negativ sind, beides kann hilfreich sein für die Strategie der weiteren Produktentwicklung.

Bei den Softwareentwicklungen, die ich begleitet habe und die langfristig am Markt erfolgreich waren, wurden schon sehr früh in der Entwicklungsphase Praxistests unter realen Bedingungen gemacht. Dabei haben wir festgestellt, dass bestimmte Programmteile sehr viel beliebter waren als zuerst angenommen. Durch diese Erfahrungen haben wir ähnliche Inhalte verstärkt in die Software eingebaut. Das hat sicherlich zur späteren Popularität der Software in der Zielgruppe beigetragen.

In einem anderen Fall sind die dringend angeratenen Markttests nicht durchgeführt worden. In der Folge wurde eine kostspielige Produktreihe ohne jede Markterprobung in hoher Stückzahl aufgelegt. Der Markt hat die Produktreihe nicht angenommen, was zur Insolvenz der Unternehmung geführt hat.

Ein einfacher früher Test unter realen Bedingungen in der Zielgruppe hätte Klarheit darüber verschafft, wie die Erfolgsaussichten in der Zielgruppe tatsächlich einzuschätzen sind. Die Produktlinie hätte mehr an die Erfordernisse des Marktes angepasst werden können, die Startstückzahlen hätten verringert werden können. Dadurch wäre auch finanziell noch Spielraum für neue Entwicklungen geblieben. Doch das Wunschdenken hat in diesem Fall gesiegt.

- Das Controlling muss fair sein und unter fairen Bedingungen stattfinden. **Controlling darf nicht als Instrument zum Beenden unliebsamer Projekte verstanden werden** (jedes Projekt hat auch Gegner). Unfaire Bedingungen sind zum Beispiel Tests mit künstlich hoch geschraubten Erfolgserwartungen.

50 Zu viel Zeit

„Die Arbeit, die man nie beginnt, dauert am längsten."
J.R.R. Tolkien

In meiner Kunsthochschule war es ein weit verbreitetes Phänomen, dass sich die Produktivität durch eine Deadline, etwa durch eine Ausstellungseröffnung, deutlich erhöht hat. Manch einer ist das ganze Jahr zu keinem Ergebnis gekommen, wenn nicht ein von außen gesetzter Termin die Veröffentlichung erzwungen hat. Wer alle Zeit der Welt hat, wer keinen Druck hat, kann endlos weiter probieren.

Zu viel Zeit, das Fehlen von festen Terminen kann für kreative Prozesse tödlich sein, weil es so zu weniger konkreten oder gar keinen Ergebnissen kommt.

Gerade für kreative Menschen ist ein Produkt oder Arbeitsergebnis selten „fertig" im Sinne von vollendet. Es gibt immer etwas zu verbessern, zu verändern oder zu variieren. Genau das macht ja den Kern von Kreativität aus, dass man viel Spaß daran hat, immer neue Variationen zu schaffen oder im Sinne eines noch besseren Ergebnisses endlos weiter zu forschen.

Wer kreativ ist, sieht ständig neue Optionen und Möglichkeiten, die ausprobiert werden wollen. Vielleicht gibt es morgen eine noch bessere Idee. Vielleicht ist apfelgrün noch treffender als mintgrün. Vielleicht sollte das Logo noch einen Tick mehr nach rechts.

In diese Denkfalle gehört auch der Satz „Not macht erfinderisch". **Äußerer Druck durch Not oder Mangel erhöht in aller Regel den kreativen Output**. Warum ist das so?

Not erhöht die Motivation zum Denken und Handeln. Not öffnet den Blick für ungewöhnliche Lösungen. Ich kann den alt bekannten Weg nicht gehen, weil der zu keiner Lösung führt. Welcher Weg könnte stattdessen klappen? **Gefragt ist nicht ein möglichst origineller Ansatz, sondern einer, der funktioniert: angewandte Kreativität für neue, realisierbare Lösungswege!** Kreativität hat das Etikett Kreativität nur verdient, wenn der Output einen allgemeinen Wert darstellt!

Not stellt den Perfektionsdruck ab: jede Art von Verbesserung ist willkommen! Aber unter dem Druck der Zeitnot ist der Fokus auf alltagsnahes, praktisches Handeln gerichtet: Ideen müssen auch umsetzbar sein.

In einer Notsituation ist der Anreiz hoch, vom Naheliegenden auszugehen. Was verspricht einen greifbaren Erfolg? Wenn die Zeit drängt, suche ich nicht nach einer Lösung auf dem Mond, sondern nach einer in meiner Nähe. **Der Weg zum Ziel muss mir klar vor Augen stehen können. Das erhöht die Wahrscheinlichkeit, ein substantielles Ergebnis zu erhalten.** Zudem werden vom Gehirn Ablenkungen dann eher unbeachtet gelassen.

Not fördert das zeitnahe Handeln: Ergebnisse müssen deshalb auch ausprobiert werden können, damit darauf weiter aufgebaut werden kann. Auch Misserfolge sind Ergebnisse, auf denen aufgebaut werden kann.

Unter dem Druck der Not arbeiten die meisten Menschen mit den vorhandenen Mitteln und sind ressourcenorientiert. Sie suchen nach einer Lösung mit den Mitteln, die jetzt zur Verfügung stehen. (Die verschlossene Tür zum Beispiel muss mit dem aufgehen, was gerade zur Hand ist). Diese **Verknappung der Möglichkeiten durch den Rückgriff auf die begrenzten vorhandenen Mittel steigert oft die Fähigkeit zum kreativen Denken.**

Durch den Zeitdruck wird jede Idee auf ihre Realisierung abgeklopft. Dadurch können gute Ideen nicht einfach untergehen. Zudem werden Ideen, die nicht funktionieren, auf die Hinführung zu weiteren Ideen verfolgt: So klappt es nicht, aber wenn wir das und das ändern, dann könnte es klappen.

Unter Zeitdruck werden Entscheidungen gefällt, Prioritäten gesetzt, der endlose Vorgang der immer weiteren Verbesserungen wird gestoppt. Deadlines hebeln den Wunsch nach unrealistischer Perfektion aus.

Lösungsstrategien:

- **Dem kreativen Prozess muss eine klare Vision für das Endziel vorliegen. Aus der Vision ist ein erreichbares Ziel abzuleiten.** Danach können Meilensteine in der Entwicklung festgelegt werden. Die Meilensteine definieren die Zwischenschritte bis zum Ziel. Ohne klare Zielvorgaben verliert der kreative Prozess den Fokus. Wenn ein Ziel oder ein Zwischenschritt nicht erreicht wird, liegt das zumeist daran, dass das Ziel nicht realistisch oder klar genug formuliert wurde.
- **Für den gesamten kreativen Prozess sollte eine Timeline festgelegt werden, die nicht gekippt werden darf.** Dabei sind erreichbare Zwischenschritte mit klaren Zielvorgaben zu definieren. Die Zeitfenster für die Präsentationen der Zwischenergebnisse sollten für alle Beteiligten realistisch, aber nicht zu groß sein.

Ergeben sich aus den Zwischenergebnissen neue Endziele, ist die Timeline neu zu setzen.

- **Die zeitlichen Vorgaben sollen dabei helfen, Entscheidungen zu treffen.** Zudem motiviert das Erreichen von Zwischenschritten alle am kreativen Prozess Beteiligten.

- Edward de Bono ist davon überzeugt, dass begrenzende Regeln zu einer Erhöhung des substantiellen Outputs führen. Dazu gehört beim kreativen Denken ein klares und eher knappes Zeitlimit. Durch dieses Zeitlimit soll nicht der kreative Prozess an sich begrenzt werden: **Der Sinn in der zeitlichen Begrenzung liegt darin, innerhalb des Zeitfensters zu einem Ergebnis zu kommen, auf das aufgebaut werden kann.** Dieses Ergebnis muss kein Endergebnis sein! Eine feste Deadline soll zu substantiellen Überlegungen anregen, wie die Not, die erfinderisch macht. Durch unverrückbare Deadlines kann eine künstliche Not geschaffen werden, die den kreativen Output bis zu einem verwertbaren Ergebnis verstärkt.

- **Reduktion der Mittel: Viele Künstler haben die Kreativität dadurch gesteigert, indem sie sich auf eine begrenzte Auswahl an zu Verfügung stehenden Mitteln festgelegt haben.** Zu viele Möglichkeiten können dazu führen, dass zu viel erforscht und probiert wird, bevor eine Richtung festgelegt wird. Dadurch ist die Kreativität nicht mehr zielorientiert. Ohne klares Ziel kann es kein verwertbares Zwischenergebnis im kreativen Prozess geben.

54 Negativer Stress

„Man nehme sich beim Spaziergang Zeit. Er dient gewissermaßen höheren Zwecken.“
Erich Kästner

Zu viel Zeit kann ein Problem sein, zu wenig Zeit allerdings auch. **Durch zu großen Leistungsdruck, durch zu enge Zeitfenster für eine ausgereifte Lösung entsteht negativer Stress.** Positiver Stress kann beflügelnd sein, negativer ist es nicht.

Zeitlimits und Deadlines sollen zu substantiellen Zwischenschritten beitragen. Kreativität macht nur dann Spaß, wenn man auch das Gefühl hat, dass es voran geht. In diesem Sinne sollen Zwischenschritte im kreativen Prozess sichtbar und greifbar sein. Wenn alles ständig unkonkret bleibt, hat der Geist keinen ausreichenden Fokus zum kreativen Denken. Doch es gilt auch: Gut Ding will Weile haben.

Ideen müssen ausreichend Raum bekommen, um ausreifen zu können. Dazu gehören Testphasen. Oder Möglichkeiten zum Research. Oder die berühmt-berüchtigte Phase der Inkubation.

Lösungsstrategien:

- Der kreative Prozess kann nicht durch den Druck äußerer Faktoren wie Geldmangel oder Wettbewerbsdruck künstlich beschleunigt werden. Deshalb sollte die vorher festgelegte Timeline nicht nachträglich durch äußere Umstände verkürzt werden.

- **In den kreativen Prozess sind von Anfang an genug Phasen zur Entspannung und zur Erholung einzuplanen**. Wer einatmet, muss auch ausatmen. Gute Ideen kommen sehr viel leichter in einem Zustand der Entspannung.

- Essen, Schlafen, Bewegung an der frischen Luft: Diese Basics fördern substantielle Lösungen im kreativen Denken. **Ein gutes Essen oder genügend Schlaf können Wunder wirken!**

- „A change is as good as a rest", wie der Engländer sagt. Eine Veränderung kann auf Dauer eine Pause nicht ersetzen, aber eine Veränderung kann ebenso Wunder wirken, wenn der kreative Prozess stockt. Deshalb sollte **Raum dafür sein, den Geist mit anderen Dingen zu beschäftigen als dem aktuellen Problem**.

- **Das zu erreichende Leistungsziel darf nicht von Anfang an zu hoch gesteckt sein**. Niemand kann zum Beispiel mit einer genialen Idee eine marode Firma retten. Das kann nur ein ganzes Bündel von Ideen schaffen, und da muss ein Team mitziehen und seine gebündelte Energie einsetzen.

56 Aufgestaute negative Emotionen

„Ich kenn keinen sicheren Weg zum Erfolg, aber einen sicheren Weg zum Misserfolg: es allen recht machen zu wollen.“
Platon

Zuviel Frust, Ärger und Enttäuschung blocken den kreativen Prozess. Kreativität braucht Begeisterung. Die Motivation zur Kreativität sollte positiv belegt sein: Ich freue mich darauf, ein Ergebnis zu erreichen. Der Weg zum Ziel macht mir Freude.

Kreatives Denken aus Frust heraus begrenzt den Freiraum im Kopf. Deshalb ist auch angehäufter oder beständiger negativer Stress für substantielle kreative Lösungen schädlich.

Ein Grund mehr, kreatives Denken im Alltag zu trainieren, und nicht erst dann, wenn die äußeren Umstände dazu zwingen. Eine Idee, die Flügel verleiht, gedeiht besser in einem positiven Setting.

Lösungsstrategien:

- **Frust, Ärger und Wut gezielt raus lassen**. Dabei kann zum einen Bewegung helfen. Körperliche Bewegung oder Anstrengung hilft, negative Emotionen im Körper abzubauen. Zum anderen kann es helfen, die negativen Emotionen aufzuschreiben und ggf. danach zu verbrennen.

- **Über die Ursachen der negativen Emotionen sprechen**: Was genau ist passiert? Was frustriert mich? Was macht mich wütend? Wenn kein geeigneter Gesprächspartner da ist, durch eine Art Tagebuch mit sich selbst in den Dialog treten.
- Konkrete Wege suchen, damit sich die Ursache für die negative Emotionen nicht wieder einstellt: Was könnte und sollte in Zukunft anders laufen, damit Wut, Ärger und Frust sich nicht wiederholen?
- Emotionen als Wegweiser nutzen: **Negative Emotionen weisen darauf hin, dass etwas nicht stimmig abläuft. Solche Hinweise sind wertvoll und sollten deshalb in der inneren Wahrnehmung nicht unterdrückt werden**. Trotzdem geht es nicht darum, die puren Emotionen zum Leitbild zu nehmen: Der Kopf ist dafür da, die Ursachen der emotionalen Warnhinweise zu analysieren und dann Abhilfe für die Ursachen zu schaffen.
- Die Techniken des Kreativen Denkens für die Suche nach Lösungswegen einsetzen: negative Emotionen sind wichtige Hinweise darauf, dass kreatives Denken gefragt ist, um für berufliche oder alltägliche Situationen neue Handlungsmöglichkeiten zu finden!

58 Falsches Umfeld

„Mancher lehnt eine gute Idee bloß deshalb ab, weil sie nicht von ihm ist."
Luis Buñuel

Erfolg braucht das passende Umfeld. Erfolgreiche Menschen arbeiten in einem Umfeld, das ihre Arbeit wertschätzt. Und gehen, wenn sie nicht ausreichend gewürdigt werden.

Wertschätzung legt nahe, dass die eigene Arbeitsleistung einen erkennbaren Nutzen für die andere Seite hat. Fehlende Wertschätzung legt nahe, dass der Nutzen für die Anderen nicht erkennbar ist. Oder dass die Außenstehenden nicht in der Lage sind, einen Nutzen zu sehen, vielleicht, weil sie die Situation anders einschätzen.

So oder so, wenn Sie in einem Umfeld aktiv sind, das Ihre Ideen wiederholt nicht zu schätzen weiß, dann sollten Sie das Umfeld wechseln. Stellen Sie Ihre Ideen an anderer Stelle vor.

Warten Sie nicht, bis ein Wunder geschieht: Kreieren Sie selbst das Wunder! Suchen Sie für sich und Ihre Ideen ein Umfeld, das Sie wertschätzen kann.

Aber Achtung: **Nicht jede Kritik drückt mangelnde Wertschätzung aus!** Konstruktive Kritik darf auch mal negativ sein. Entscheidend ist, ob hinter der Kritik ein Prinzip der Abfälligkeit oder des Wohlwollens steckt: Wenn Sie von der Person, die Kritik äußert, in der Regel wohlwollend und wertschätzend behandelt werden, ist auch eine negative Kritik ein positives Signal, dass Sie beachten sollten.

Wenn die andere Person an Ihnen generell kein gutes Haar lässt oder die Situation gar nicht beurteilen kann, müssen Sie die Kritik auch nicht so ernst nehmen. Hier geht es dann oft nicht um konstruktives Feedback, sondern um Niedermachen, auch wenn die Kritik in „Giraffensprache“ verpackt ist.

Mitunter ist das Umfeld auch deshalb falsch, weil Ihre Ideen zwar geschätzt, aber Sie nicht als Urheber der Idee anerkannt werden. **Wer eine gute Idee hat, sollte auch als Urheber der Idee gewürdigt werden.**

Es gibt einen häufigen Rat im Umgang mit störrischen Entscheidungsträgern: Man soll ihnen eine Idee so lange unterschieben, bis sie glauben, es wäre ihre eigene Idee. Dann würden sie sich der Umsetzung der Idee nicht mehr verschließen. Leider habe ich im Verlagswesen erleben müssen, wie dieser Rat mehr als einmal umgesetzt wurde: Nicht der Urheber einer Idee ist gewürdigt worden, sondern der Entscheidungsträger, der eine Idee übernommen und dann für sich reklamiert hat.

Ideen sind wie Kinder: Wenn man die Urheberschaft an den eigenen Ideen abgenommen bekommt, dann wird der Idee vielleicht mehr Aufmerksamkeit zuteil, aber der Sinn und die eigene Freude an der Umsetzung sind weg. Und man wird sich überlegen, ob man noch einmal eine Idee in diesem Umfeld in die Welt setzt.

Ich bin deshalb auch kein Freund von Gruppen-Brainstormings: Bei den Übungen wird in der Theorie sehr oft so getan, als wären alle Teilnehmer gleich produktiv. Das ist aber selten der Fall. **Es gibt immer Menschen, die kommen auf bessere und substantiellere Ideen als andere.** Die Fähigkeit, substantielle Ideen zu produzieren, hängt auch mit der Bereitschaft zu kreativem Denken zusammen. Denken ist anstrengend, viele Menschen scheuen das. **Aber ohne geistige Leistung haben Ideen selten Substanz.**

In Gruppenübungen zur Kreativität werden Menschen mit sehr guten und substantiellen Ideen selten angemessen gewürdigt. Meist wird die Idee sogar zum Abschuss freigegeben oder taucht in leichter Variation an anderer Stelle unter anderem Namen wieder auf. In Gruppenübungen ist dem Ideenklau viel zu oft Tür und Tor geöffnet. **Eine Umgebung, in der geistiges Eigentum geklaut wird, ist eine falsche Umgebung für gute Ideen.**

Wer andere Talente hat, etwa besonders gut laufen oder zeichnen kann, wird ja auch mit seiner Einzelleistung gewürdigt. Mein Vater hat mehrere Patente auf technische Erfindungen. Darauf war er immer stolz. Hätte er Interesse an weiteren Erfindungen gehabt, wenn seine erste Idee unter dem Namen einer Gruppe angemeldet worden wäre, die gar keinen echten oder nur einen minimalen Beitrag zur Ausarbeitung seiner Idee geleistet hätte?

Ideenreichtum sollte gewürdigt und geschützt werden, sonst wird die Quelle der substantiellen Ideen versiegen.

Lösungsstrategien:

Für Einzelpersonen:

- Wenn Ihre Ideen wiederholt nicht auf Gegenliebe stoßen oder keine Wertschätzung erfahren: Suchen Sie sich ein neues Umfeld für Ihre Ideen.

- Suchen Sie zur Verwirklichung Ihrer Ideen oder zur Ausarbeitung ein Umfeld, das Ihre Werte teilt. Eine ähnliche Feldkompetenz und Erfahrungsbreite bei allen Beteiligten kann gleichfalls hilfreich sein.
- Wenn Ihre Ideen öfter mal gestohlen werden: Überlegen Sie genau, wem Sie Ihre Ideen offenbaren. Suchen Sie sich zum geistigen Austausch Menschen, denen Sie vertrauen können.
- Überlegen Sie, wie viel von Ihrer Idee Sie selbst umsetzen können. Zeigen Sie Ihre Idee erst dann vor, wenn schon etwas Schützenswertes entstanden ist.
- Informieren Sie sich über Möglichkeiten des Urheberrechtsschutzes oder der Patentanmeldung.

Für Unternehmen:

- Führen Sie in der Ideationphase Übungen durch, bei denen die geistige Urheberschaft Einzelner gewahrt bleiben kann.
- Der Urheber einer Idee sollte als solcher herausgestellt und auch behandelt werden. Eine brillante Idee stellt ein geistiges Eigentum dar, das es zu schützen gilt.
- In einem Sitzungsprotokoll sollte nicht nur festgehalten werden, welche Ideen oder Konzepte vorgestellt wurden, sondern auch, von wem welche Ideen gekommen sind.
- Wer eine Idee aufgreift, sollte den Urheber der Ausgangsidee und seine geistige Arbeit nennen und würdigen.
- Bei Teaminputs sollte intern festgehalten werden, wer wirklich substantielle Beiträge für das Team geleistet hat, und wer immer nur gerne mit auf der Welle schwimmt.

Über die Autorin

Anna Hoffmann, Jahrgang 1967, arbeitet als **Business-Coach, Trainerin und Consultant für Kreativität, Inspiration, Ideation, Entscheidungsfindung und Innovation**. Sie ist zertifizierter Coach, Informatikerin, Künstlerin und Unternehmerin und hat viele Startups in der Existenzsicherungsphase begleitet. Nach dem Studium der Freien Kunst an der HdK Kassel mit dem Schwerpunkt experimentelle Fotografie lagen ihre beruflichen Aufgaben lange Zeit in der innovativen mathematisch-didaktischen Softwareentwicklung und in der Geschäftsleitung einer europaweit agierenden Multimedia-Agentur. **Anna Hoffmann ist in mehreren EU-Programmen als Coach und Beraterin gelistet**.

Von der Autorin sind weitere Medien im Sciurus-Verlag erschienen, darunter das Arbeitsbuch „Kreatives Denken mit Fraktalen, ein Trainingsbuch für assoziatives Denken" (ISBN 978-3-9814704-0-6), „Creativity Cards London - ein innovationsförderndes Bildkartenset für kreative Bisoziationen" (GTIN 4280000339027), „Kreatives Formulieren mit Fraktalen, ein Trainingsbuch für kreativen Ausdruck" (ISBN 978-3-9814704-4-4) sowie „Reflektieren mit Goethe, Lebensweisheit teilen und gewinnen" (ISBN 978-3-9814704-5-1).

Medien von Anna Hoffmann unter www.sciurus-verlag.de

Mehr zur Autorin unter **www.intense-impact.de**

Weitere im Sciurus-Verlag erschienene Titel:

Reflektieren mit Goethe

Lebensweisheit teilen und gewinnen

ISBN 978-3-9814704-3-7

Kreatives Denken mit Fraktalen

Ein Trainingsbuch für assoziatives Denken

ISBN 978-3-9814704-0-6

Creativity Cards London

Ein innovationsförderndes Bildkartenset für kreative Bisoziationen

GTIN 4280000339027

Erscheint im Herbst 2014

Keine Angst vor Neuem

Strategien im Umgang mit neuen Situationen und unbekannten Herausforderungen

ISBN 978-3-9814704-7-5

Erscheint im Herbst 2014